# Design
# drawing of
# landscape
# elements

# 景观元素手绘表现

谢宗涛 编著

辽宁科学技术出版社

·沈阳·

**图书在版编目（CIP）数据**

景观元素手绘表现 / 谢宗涛编著. —沈阳：辽宁科学技术出版
社，2019.4
ISBN 978-7-5591-1096-1

Ⅰ. ①景… Ⅱ. ①谢… Ⅲ. ①景观设计－绘画技法 Ⅳ.
①TU986.2

中国版本图书馆CIP数据核字（2019）第041969号

出版发行：辽宁科学技术出版社
（地址：沈阳市和平区十一纬路25号 邮编：110003）
印 刷 者：辽宁新华印务有限公司
经 销 者：各地新华书店
幅面尺寸：215mm×260mm
印 张：10
字 数：200千字
出版时间：2019 年 4 月第 1 版
印刷时间：2019 年 4 月第 1 次印刷
责任编辑：闻 通
封面设计：灿 灿
版式设计：颖 溢
责任校对：徐 跃

书 号：ISBN 978-7-5591-1096-1
定 价：65.00元

联系编辑：024-23284740 邮购热线：024-23284502
投稿信箱：605807453@qq.com http://www.lnkj.com.cn

# 目录 Contents

# 基础训练

手绘的基础训练，基本上包括对手绘的认识、工具、用笔，再到对材质的表达，对植物、人物、汽车、山石水景的表现，分类讲解，简单易懂，这些均不涉及透视，只需要对照本书进行大量练习即可。之后再进行透视学习，主要学习两种常用的透视方法：一点透视和两点透视。本章是开启本书的一道门，过了此门，后面章节的学习就会变得轻松了。

## 1.1 工具介绍及用笔技巧

学习手绘前，首先要选择适合的工具，虽然工具无法起到决定性作用，但不要以为一支钢笔就能满足所有需求。
掌握绘图工具的使用方法，能够保证绘图质量、加快绘图速度、提高绘图效率。

- **马克笔**：目前，市面上能买到的马克笔品种繁多，比如卡卡、斯塔、韩国touch、尊爵、法卡勒、美国AD、三福等品牌。不管选择什么样的笔，最重要的是熟悉它的特性，比如美国AD马克笔笔头较柔软，水分也足，呈油性，绘画时沁开速度很快，初学者不易掌握。而斯塔和韩国touch是酒精性马克笔，笔头相对较硬，价格也相对便宜，适合初学者使用。
- **绘图笔**：常用的有美工笔（如英雄382），用笔的方式不同，可以画出粗细不同的线稿。还有毡尖笔或草图笔、针管笔（0.2～0.5mm）、不同的签字笔等。另外，表达精细线稿前会使用自动铅笔来起稿。当然，写生或者草图也可使用不同型号的铅笔，表达出不同粗细感的画面效果。
- **彩铅**：目前，市面上的彩铅品牌也很多，一般我们会选择水溶性彩铅。蜡性彩铅不易叠色，一般情况下不做选择。常用品牌包括辉柏嘉、捷克等。
- **墨水**：可以考虑选择派克牌，这款墨水在绘画时不易沁开，并且在后期着色过程中也不会把墨线化开。
- **纸张**：常用的纸包括A3、A4、B4复印纸，快题纸，硫酸纸或草图纸（常用的A3纸是成本的渡边纸）。
- **其他工具**：滚动尺、比例尺、蛇形尺、修正液（要选用笔尖长且细的款式，易画线条。同时，要保证出水速度均匀，防止过快而溢出），以及高光笔（同修正液一样是白色的，可以用来画亮线条）。

线稿绘图笔

美工笔

直头钢笔

成本的 A3 渡边纸

A3、A4 大小的草图纸

不同品牌的马克笔

彩铅

水彩颜料

修正液

### 1.1.1 线稿线条的表达

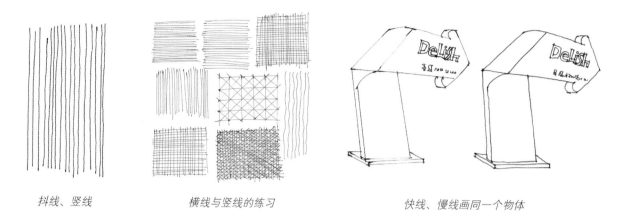

抖线、竖线　　　　　　横线与竖线的练习　　　　　　快线、慢线画同一个物体

### 1.1.2 马克笔的分类

马克笔的运笔练习，可以选一些不常用的颜色，比如大红、大绿、大紫。马克笔的使用寿命有限，源于其溶剂的特征，干得比较快。

马克笔从溶剂类型上可分为水性马克笔、酒精性马克笔、油性马克笔。

本书主要使用的是酒精性马克笔，结合少量油性马克笔，水性马克笔基本没有涉及。

色彩特性分为有彩色系、无彩色系、中间色和黑白色。

有彩色系主要为绿色、红色、黄色、蓝色等。

无彩色系主要为绿灰（GG）、冷灰（CG）、蓝灰（BG）、暖灰（WG）等。

中间色即为紫色。

黑色在马克笔中常常标号为120，白色为涂改液。

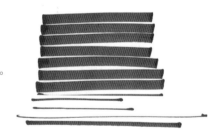

横向线条练习

竖向线条练习

马克笔运笔

叠加法

### 1.1.3　马克笔的用笔特点

由于马克笔笔触单调且不便于修改，所以应在上色表现中力求用笔肯定、准确、干净利落，不可拖泥带水，同时用笔要大胆、敢于去画，并要反复练习。

马克笔的运笔要果断，起笔、运笔和收笔的力度要均匀，排线时笔触要尽可能按照物体的轮廓去画，这样更容易表现形体的结构与透视。

绘制马克笔线条时应尽量对齐，均匀平拉直线。

注意：用笔时要快速、肯定，切忌犹豫不决、运笔太慢、力道不均等。当然，在练习时尽量多找一些笔来练习，毕竟一支笔的颜料容量有限。

正确的排笔方式应为：

运笔较快，笔触颜色会较浅；

运笔较慢，笔触颜色会变深。

错误的排笔表现在笔头运笔时没有落实。

常规的笔触练习：要熟练地掌握马克笔的运笔技巧，前期则需要针对笔触做一些训练。运笔速度会影响颜色的变化，使用单支笔来回运笔，或不同颜色叠加，其效果都会有变化。

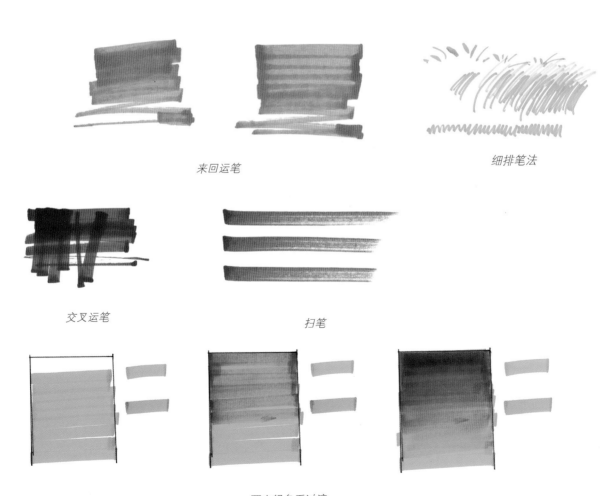

来回运笔　　　　　　　　　细排笔法

交叉运笔　　　　　　　扫笔

两支绿色系过渡

其实，马克笔运笔时笔触是多样性的，可以自由变化。不过，不管怎么变化，都离不开点、线、面的一些规律。

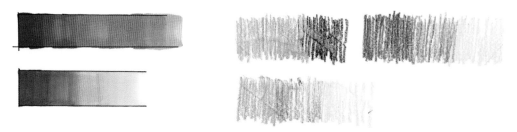

马克笔过渡练习                                   彩铅过渡练习

## 1.2　材质表现

下面，我们通过材质表现来学习笔法之间的变化。本节主要选了一些材质来表现，如石材、木质材料、玻璃、金属。每种材质又可以分化出多种不同的表现形式，比如墙面的石材可分为拼花砖石、方形砖、毛面石等；木质材料又包括黄木、红木，以及防腐型的灰木。

适当留白会使画面呈现一种轻松的效果，当然，在画玻璃材质时，需要加一些涂改液，其笔触包括点、扫、线等多种方式。不管表现什么材质，除了明暗的变化外，都要注意其在空间中的透视关系，比如近大远小、近实远虚。

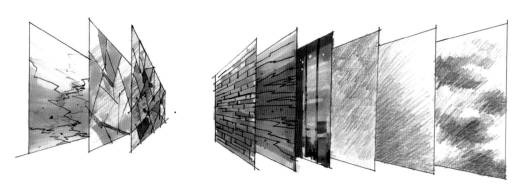

## 1.3　植物表现

植物的画法比较多，这里推荐3种：一是细笔线面过渡；二是粗笔明暗画块；三是粗细点线变化。
不同的纸张，不同的上色方式，以及表现出来的效果略有不同。在复印纸上上色，基本上是靠不同深浅颜色的叠加过渡，而在
草图纸或者硫酸纸上，则可以通过淡色稀释重色来过渡。

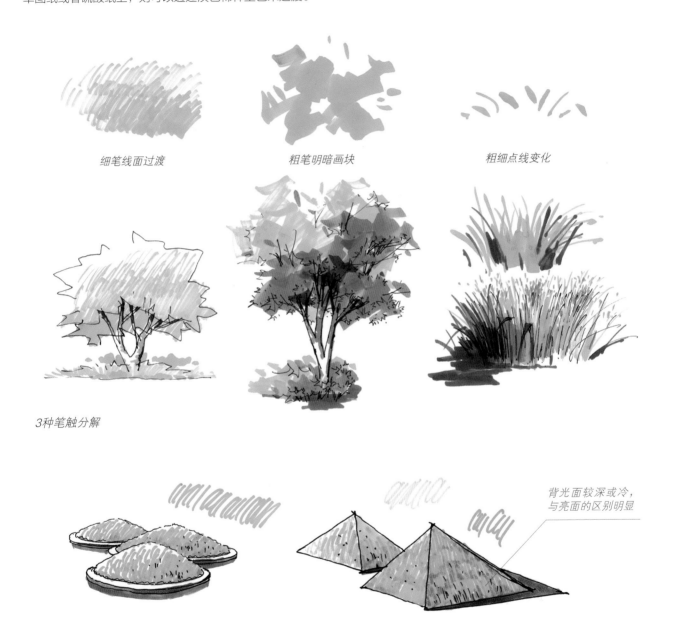

细笔线面过渡　　　　　　　粗笔明暗画块　　　　　　　粗细点线变化

*3种笔触分解*

背光面较深或冷，
与亮面的区别明显

草皮的表现要注意与地面接触的轮廓线，要有一些波动起伏的线条，再适当地加入一些点，或者短排线，保证质感。马克笔上
色就按照前面画法，排细线，注意过渡。

不管是有叶片，还是纯枝干骨架，表现这两种形式的植物都需要进行一个绘画过程的训练。

开始时先画一些简单的植物轮廓，慢慢再选择画一些丰富的层次关系。

棕榈类植物                               树枝画法

芭蕉树线稿

芭蕉树上色

与斜笔排笔不同的
笔法，连贯排笔

先把植物的轮廓画好，再考虑其色彩冷暖放在什么地方会更合适。后面的树排线简单，比较平面，无须太多变化。

石材特意选了一些不同的
颜色，希望大家去尝试不
同的色彩表达

紫77
蓝67

树绿.　CG1+CG5.　红石材　国亮.
（黄蜡石）

组合分解上色

## 1.4　人物、汽车表现

人物和汽车在景观表现图中必不可少，可以增强场景氛围，丰富画面效果。平时多临摹，积累一些不同表现手法和不同种类的素材，以备画面后期电脑处理时需要。

人物的表现分为3类：近景人物、中景人物、远景人物。

### 1.4.1　人物配景的3个作用

（1）协调构图：在效果图绘制过程中，有时会出现构图失衡的情况，这时在画面适当位置添加一组人物，就能起到丰富空间、调整画面均衡的作用。但切忌喧宾夺主，弱化设计本身。

（2）烘托环境：每一幅效果图都是针对某一特定功能的空间。设计的内容及风格也是围绕特定的功能需要展开的，效果图表现中的空间氛围需要有相应的人物配合，以烘托画面气氛。不同年龄、层次和不同装束风格的人群会反映出不同的功能空间，并通过人物的外部特征展现出来，而适当的人物配景会加强画面的感染力。

（3）物体尺度参考：目测一个空间尺度时，一般都会寻找一个能够把握尺度的参照物，以此进行对比、估计，而把人作为高度参照物是最为常见的。在表现效果图中的一个人物时，人们会很自然地去确定其空间尺度，因为空间都是为人服务的。另外，由于人物配景的高度变化而产生的空间进深感，会体现出符合透视规律的远近关系。

### 1.4.2　人物配景的注意事项

（1）合理组织：人物与景观的组合不仅要考虑构图均衡，还应该考虑人物数量、动势、位置等因素。在位置安排上一定要注意视觉艺术效果，处于上下位置的人物要注意将他们适当错开，保持错落有致的聚散关系。在不同功能的空间中，要选择不同的人群。一般情况下，在表现繁华空间的效果时可以绘制相对较多的人物配景。

记住几种基本造型，对人物的轮廓进行记忆训练，在脑海中留下印记，画图时一旦需要便会信手拈来。

（2）合理配色：人物服饰色彩的选择一方面要体现人物的特征，使之与周围环境的功能相匹配，另一方面要与整体色调保持一致。对人物年龄、个性的塑造除了要从形体的方面把握之外，也离不开服饰的鲜亮程度和颜色搭配，这些因素能够体现出人物的融合程度，但不能过分地追求人物塑造，以免失去人物配景的意义。

（3）尺度准确：人物尺度的表达一定要准确，否则容易误导观者，产生对空间尺度的错误判断。人体的比例常以头高为基本参考单位进行控制，成人的身高一般定为头高的7.5倍。在透视图中，为了美化画面效果，可以把人的比例进行适度拉长，对于儿童和老年人来说，比例也要进行适当调整，以符合画面透视的需要。一般是蹲三、坐五、站七。站姿如果是7.5~8个头会更好看一些，而模特身材是9个头。

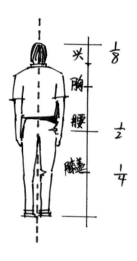

### 1.4.3 人物的表现技巧

配景人物不需要很强的立体感，平面化的剪影效果即可。但表现时需要以自信、放松的状态生动地描绘出来。

当出现一群人物时，可以省去大部分的细节，而只保留轮廓。并且，奇数一般比偶数人物效果好。单个人物往往使画面显现孤独，三五成群则富有联系感。

不要纠结人物的刻画，也不要增加过多的细节。睫毛、精心描绘的嘴唇等细部处理会导致画蛇添足。表现人物时尽量用流畅的线条，同时使用动态或运动中的姿态来塑造。

### 1.4.4 交通工具的画法

效果图的目的在于表现出设计师的设计意图，因此通过交通工具配景来表现场景的氛围非常重要。比如商业空间、入口区、停车场、车道等，不论是远景、中景或者近景，都能让画面更具场景氛围感。

常见的交通工具有小汽车、卡车、大巴车、摩托车、自行车等，可以在画面中根据需要合理增添。在表现时有以下几个小技巧可以参考：

①以车轮直径的尺寸来确定车身的长度及整体比例关系。

②注意交通工具与环境、建筑物、人物的比例关系，增强真实感。

③车的窗框、车灯、车门缝、把手以及倒影都要有所交代。

④汽车轮胎的侧面与侧板平齐，略微向内倾斜，使侧板在轮胎上投射些阴影。

⑤晴天时，车顶、车身和引擎盖都能反射明亮的天空，因而削弱了车身固有的颜色，呈现一抹淡雅的冷色调。

⑥车身正下方的投影特别黑，因为没有光线射入。

⑦通过一部分座椅的轮廓和部分玻璃的反射来展示汽车内部的结构。

⑧当表现很多车的时候，不要过于雷同，可以画一些小汽车、货车、卡车、自行车等，注意空间的层次感，保持车的细节和风格与整幅画面的统一。避免烦冗的细节、强烈的对比和鲜艳的色彩，尽量弱化车体。

⑨市面上车的尺寸较多，不同品牌、不同型号的车尺寸都不尽相同，一般常画的小汽车高度为1400mm左右，长度为4500mm左右，宽度为2000mm左右。

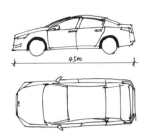

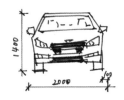

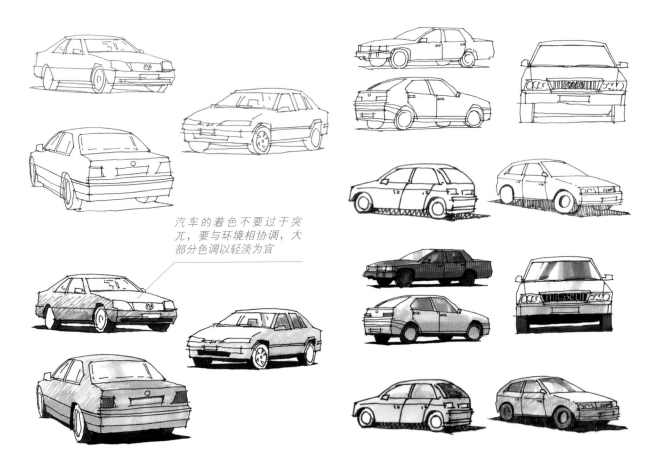

汽车的着色不要过于突兀，要与环境相协调，大部分色调以轻淡为宜

## 1.5 石材、水景表现

### 1.5.1 石材的表现

石材在景观设计中经常使用，有用个体单元组合成具有功能性、观赏性形体的组合，也有使用单体造景的。石头的材质、形态特征也有很多种类型，叠石经常和水体一起呈现，特别是古典园林讲究山水一体。在当代景观设计中，石头以更多样化的形式出现。石材材质多种多样，包括松散、坚硬、圆润、尖锐等不同特性。因此，在手绘表现中要根据其特征来表达，有的需要线条轻重粗细变化，有的需要突出其褶皱感，有的需要线条快速有力体现其硬朗感。

花岗岩类石材比较坚硬，在表现时用线要干脆，多用短直线和折线

黄土石材的材质是最松软的，表现时用线比较轻缓，虚实相间，不要画得很饱满

砂岩类石材颗粒性强，结构疏松，在表现时多用长折线或者短的曲线表达

这种人造景观石在表现时一般先用曲线勾勒出大体的形状，再来勾勒内部的结构，用线尽可能流畅连贯

适当加入光影笔触，画面生动

中间色用得比较柔和

石材的光影除了本身受光，还受其他植物光影的影响，表现时需增加一些投影，使得与环境的融合性更强。

光照方向·

变化、调和、提亮画面

余笔

石头融合环境，保持穿插关系会产生一种自然的生长感。前面的植物遮挡了石头，而石头挡了后面的植物，层层叠叠

毛草　黄绿色　冷绿笔　76蓝　BG　快速WG+杆色

石头受光影影响变化丰富，暗面为冷色光泽，选蓝色或者紫色马克笔表现。亮面选用彩色或者暖灰色

简化表现的石材，周边的环境可以略过，石头可用单色来表现，无须过多色彩

### 1.5.2 水景的表现

古诗云："有山皆图画，无水不成景。"可见水在景观中的重要性。水在生态、工程、气象中，以及对人的心理和生理都起着重要作用。

水的形式可分为流动水、静水、喷泉水；水的样式可分为平缓、跌宕、喧闹或静谧。

所谓"滴水是点，流水是线，积水是面"，这句话概括了水的动态和画法。表现水的流动感时，用线宜流畅洒脱。在水流交接的地方可以表现水波的涟漪和水滴的飞溅，使画面生动自然。

静水，顾名思义就是在设计中使用静止的水景效果，但手绘表现时我们可以把大面积的湖水也视为静水。静水如同一面镜子，表现时要适度注意倒影，并在水中略加些投影以活跃画面。

水景的表现应注意以下几点：

（1）线条轻重缓急有变化，力度要控制好。

（2）水的纹理要流畅、动感。

（3）水落到水面有水珠溅起。

（4）透过水有时能看到石头的局部。

表现流水中水花溅起的效果时可以使用修正液画流水线，涂抹成面，再画一些白色小点，表示溅起的水花。

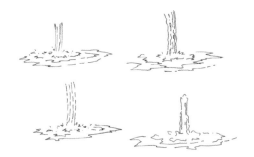

*水柱类水流表现*

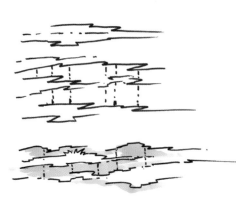

*水面表现*

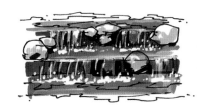

*跌水的表现*

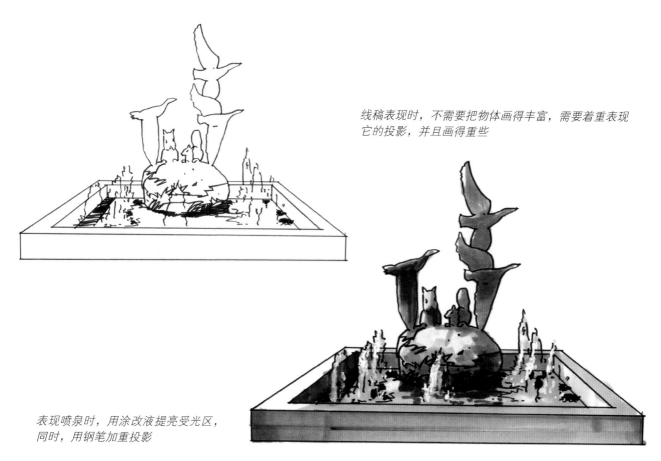

线稿表现时，不需要把物体画得丰富，需要着重表现它的投影，并且画得重些

表现喷泉时，用涂改液提亮受光区，同时，用钢笔加重投影

保留画面中心的树，将边上部分去掉。地面铺砖也是交代近处，远处虚化

后面的植物作为喷泉的背景，颜色可以深一些。在提亮水的时候效果容易显现出来

石材与水的结合是景观设计表现中常用的手法，此时，水面上需要适当加上一些倒影关系，比如加重一些倒影区域，再加一些垂直的虚线。

在水景规划设计中，水景占据了重要的地位，它具有水的固有特性，表现形式多样，易与周围景物形成各种关联。它具有灵活、巧于因借等特点，能起到组织空间、协调水景变化的作用，更能明确游览路线，进而给人明确的方向感。

## 1.6　透视学习

本书介绍两种透视方法：一点透视和两点透视。

一点透视相对比较简单，空间或物体中所有的横线都是水平的，而竖线是垂直的，唯有斜线向画面中心点（消失点）的方向消失。一点透视表现出的空间庄重、宽广、稳定，所以它很适合画纵深感强的画面。缺点是稍显呆板，不够活泼。

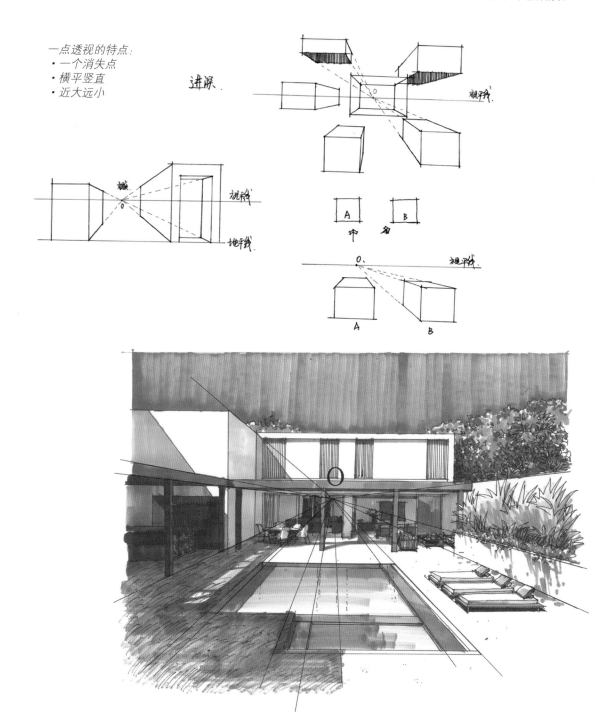

*一点透视的特点：*
- *一个消失点*
- *横平竖直*
- *近大远小*

两点透视又称成角透视，顾名思义就是有两个消失点，两组斜线消失在水平线上的两个点，所有的竖线垂直于画面。两点透视画面比一点透视自由、生动，能够逼真地反映物体及空间效果。缺点就是如果两个消失点距离太近，角度选择不好容易变形失真，解决方法是将消失点距离拉远。

正规科学的透视作图比较复杂，我们只要了解和掌握基本的透视方法就可以了。可以采用既实用又快捷的方法，就是感觉透视，即凭感觉去画空间透视，心中默记一条视平线及消失点的高度即可。

对于刚接触透视的初学者来说，画方盒子是最好的训练方法，可以以此当空间体块来训练。

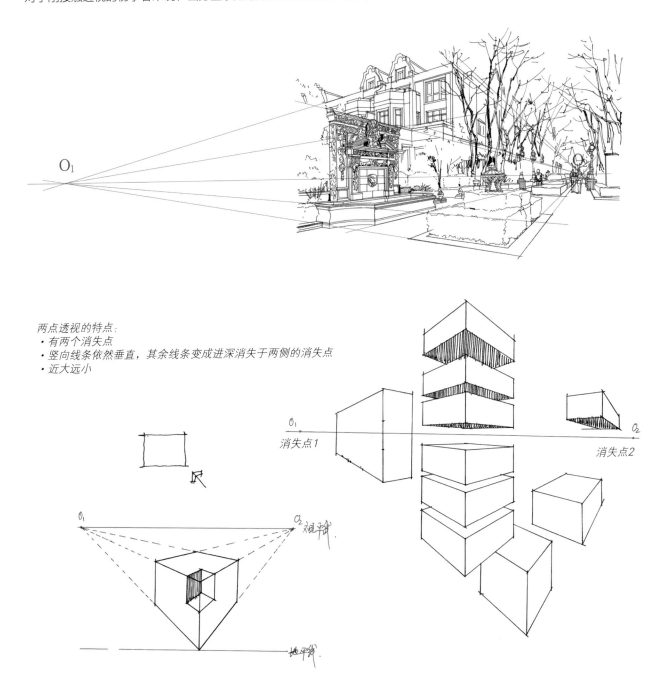

两点透视的特点：
· 有两个消失点
· 竖向线条依然垂直，其余线条变成进深消失于两侧的消失点
· 近大远小

# 2 休闲设施元素表现

休闲设施是景观设计中必不可少的元素之一，随着人性化设计理念的深入人心，休闲设施的外观设计更加舒适、耐久。此外，休闲设施的安置也更加强调与环境的协调。

## 2.1 座椅

座椅是最重要的室外家具之一，是满足人们休闲娱乐需求不可或缺的元素，越来越成为景观设计内容的一部分。座椅的设计要与空间环境相结合，不断拓展形式与功能。在户外空间中人们主要的活动方式包括游赏、娱乐、交往、休息、思考等，座椅为人们提供了停留场所，有效提高了环境空间的吸引力。座椅等休息设施布置得越多，场所的公共性越强。座椅一般宜选择在游人需要停留休息处以及有景可赏之处，应该考虑环境特点，结合环境规划、使用人群的要求考虑其造型和色彩，决定其设置的具体位置、数量、形式等。座椅常设置的地点如广场周边、林荫路旁、池畔湖边、花间林下、休息平台等，造型宜简洁。在座椅等休息设施附近应该配置垃圾箱、饮水器等其他设施，满足人们的基本需要。在尺度较大的公共场所座椅应布置较多、间距较近；在私密性空间里，座椅间距应较远。在越来越多的景观环境中，台阶、矮墙、栏杆、花坛等也兼具座椅的功能，座椅还经常与其他设施结合成一体，形成统一的格局，既是亮丽的风景，也满足功能需求。

室外座椅是人们回归自然、对话自然的媒介和载体，是供人们参与公共活动满足坐或者倚靠功能的用具。在景园中有传统意义上的凳、椅形式，也有越来越广泛运用的结合景观设计的花坛、种植池、水池、置石、挡土墙等兼有休息功能的小品设施形式。这些独特的休息空间，增添了景观的韵味，丰富了城市景观内涵。

座椅材料的选用，应依据景观环境的特征来考虑，在较为自然的风景空间，多选用木材、竹子、青石或当地的自然石材等；在建筑环境等较为人工化的景观环境中多采用现代材料如钢材、钢筋混凝土、铸铁、大理石、塑料、玻璃等，更多地体现都市气息。另外，根据地域特点选取座椅材料，如考虑当地气候、习俗等对座椅材料的不同要

求。场所的公共性及人的行为心理需求也是座椅材料选择应考虑的因素。舒适的材料会增加人的停留时间，相反则会增加场所里人的流动性。合理选择才能最大限度地发挥座椅功能，营造出具有亲和力、舒适安全、令人向往的优美空间。

看似简单的座椅，设计起来要综合考虑许多方面的因素，如合适的位置、符合人体工程学的尺度、场所的特色、材料与身体接触舒适度以及对空间的作用等。

室外座椅的高度通常为30~45cm，宽度为40~45cm，靠背倾斜角宜为100°~110°。单人椅标准长度为60cm左右，双人椅为120cm左右，3人椅为180cm左右。

室外座椅按照功能，可以分为以使用功能为主的座椅和以景观造型为主的座椅两类。

（1）使用功能为主的座椅。

以使用功能为主的座椅要满足人们户外的休憩需求，设计中要体现人性的关怀，设计造型宜简洁大方、实用、科学。

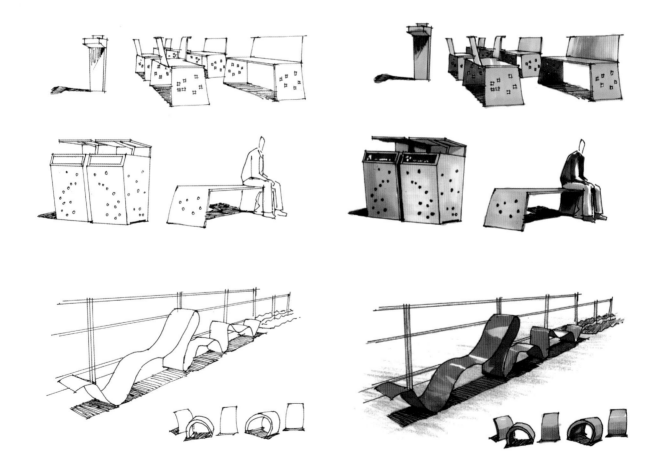

（2）以景观造型为主的座椅。

该类座椅以艺术造型为主，更多地结合环境景观需求来设计，弱化了座椅的休息功能，强调了视觉效果，色彩感强，采用较为现代的材料，能塑造场地特色或成为景观的地域标志。

与地齐平的座椅

人物座椅雕塑

座椅是非常重要的休闲设施，为满足需求，其呈现出诸多不同的形式与功能，如石椅、秋千、石墩、长凳、跷跷板、木桩等，还有一些特殊场合中的游戏设施、体育设施等。

座椅的材料多为石材、木材、混凝土、塑料、金属等，其中木制座椅最为舒适。需要注意的是，木材应做防腐处理，同时，座椅转角处应做磨边或倒边处理。对于休闲座椅来说，其造型可以分为直线式、曲线式、点式、块式等不同形式，无论何种形式，都要符合一定的功能要求。首先是就座时的舒适感，剖面形状须符合人体曲线。其次是材料的选择要考虑易清洁、防腐、防锈、防蛀，以及耐用等因素。最后，户外休闲座椅表面宜光洁，不能积水，以免影响使用。

绘制座椅的手绘线稿时用笔要有力，特殊的纹理需要特殊的画法，折线、打点、乱线都可能用得上，而上色时只需根据物体的固有色绘制即可。着色时，有些纯度不要太高，比如木色的座椅或褐色、深蓝色的设施，颜色过于跳跃会喧宾夺主，可以使用灰色调并降低纯度，或辅以彩铅。当然，表现比较现代的空间时，往往会考虑用纯度较高的色彩，色彩鲜明，跳跃性强。

石凳座椅上色表现步骤图。

步骤一：图中这种石材颜色比较丰富，不仅仅使用了灰色，也加入了黄色、木色

步骤二：画地面投影时选用暖灰色，最暗的地方可以用纯黑色来压边，其他大部分的投影是根据树影来绘制的

步骤三：画植物时，暗部适当加入一些冷色，亮部可以加入黄色或淡红色。注意灌木的球体感，要靠不同深度的马克笔来压实

步骤四：完善画面，背景与草地着色要单一，如果对比不强烈，可以加入一些黑色

## 2.2　依树基部的椅凳

这种设计很大程度上基于设计师考虑，要设计结合自然、设计回归自然，同时让景观建筑与自然环境有机结合。依树基部的椅凳围合方式包括半围合型和围绕型，在遇到一些大树、古树的时候基本采用这些手法。

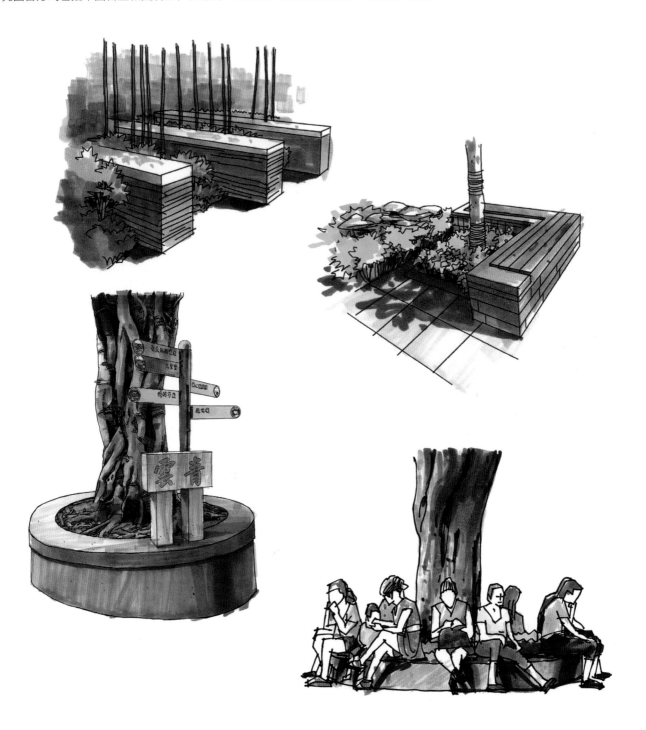

## 2.3  花坛、花坛边缘的矮墙座

设计座椅时，为了增加景观座位与自然的融合，往往把座椅设置在花坛边，或者沿花坛边缘，观赏性与实用性一举两得。

下面这组座椅是某一机场的方案设计图和完工后的实景图。该组座椅座位和景观植物有机结合，群组景观体量较大，可以种植比较丰富的植物。从远处看是一组围合的植物景观，其实是一组可供旅客休息的座椅

*作者：彭鑫*

下面这一组深圳机场的玻璃钢座椅花盆，其美观、大方、简洁的特点吸引着来往的旅客，不仅观赏性强，实用性也很强，既可绿化，也可以为旅客提供休息便利。当然，为了便于塑型，材质可以选择玻璃钢、塑胶、大理石或者不锈钢，室内外的公共景观都适用

尝试着画一些座椅组合的平面、立面、不同角度的透视或者大样图。这些推敲、构思的表达同时也完善了设计。

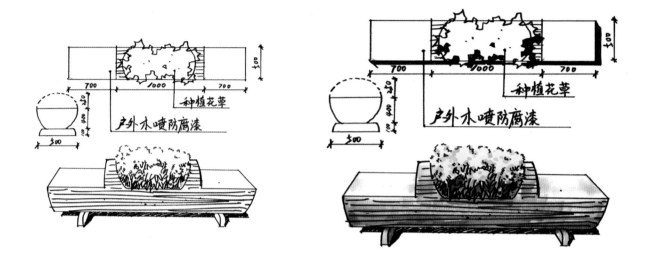

## 2.4 景观伞

景观伞因为其功能需求不同，造型也差别很大。其形状包括方形、多边形或圆形，其中，方形景观伞包括2.1m×2.1m、2.5m×2.5m、3m×3m、3.6m×3.6m、4m×4m等多种尺寸类型。圆形景观伞包括¤2.2m、¤2.5m、¤3m等多种尺寸类型。

造型上景观伞包括桌子上穿孔的遮阳伞、伞柱单边独立的遮阳伞。在色彩选择上，商业区等一些公共区域中的景观伞往往会选择一些花色或者鲜亮的颜色。

## 2.5　景观拉膜

景观拉膜的设计考虑了"人与自然"之间的和谐关系，以生态环境为优先原则，其设计继承了传统文化又添加了新的建筑元素，在观赏功能的基础上，添加了娱乐休闲作用。

景观拉膜曲线较多、跨度较大时，可以分段定位。定位时使用铅笔，确保其准确性。

## 2.6 亭子、廊架

亭子是园林景观设计中的重要组成部分，同时也是不可或缺的要素，它与其他要素一起构筑了园林的形象。这些亭台楼阁不仅有休闲观景功能，并且也是被观赏的元素，点缀诗情画意之美。

相比一般的景观小品来说，休闲亭子的体量相对较大，因此，表现难度要大很多。表现时要注意其比例及透视关系。根据人体高度，廊架一般为3.0~3.5m高即可，太高太矮都不协调。亭子根据样式的不同，高度稍微有点区别，最好为3.5m以上。

在没有把握的情况下，表现亭子时应先用铅笔画出大致形态和比例关系，定出带透视的框架结构，再用墨线刻画细节构造。承力支柱用实线刻画，顶的形式繁多，不同的风格设计要用到不同的建筑形式。

在设计表现中，亭子通常不必刻画太细，除非是建筑近景表现，一般只表现出基本框架结构即可，更多的是考虑整体的协调性，而不会让单独的建筑配景喧宾夺主。

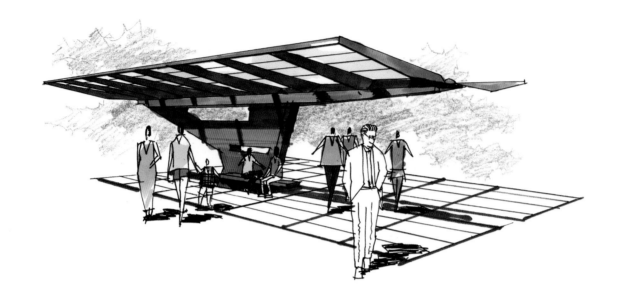

泰式亭子上色表现步骤图。

步骤一：线稿讲究的是中景丰富、远景虚化简略。可以用纯黑色压在主体物明暗交接处

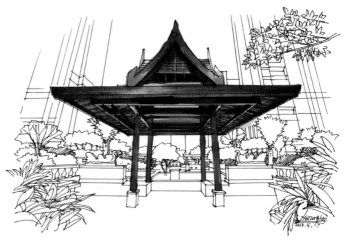

步骤二：定一个主色调，然后用扫笔的笔触分出受光区和背光区

步骤三：将亭子的色彩过渡到墙面，使色彩融合，地面紫灰色区域增加一些投影

步骤四：选一些亮色先刻画植物的受光区域，并找出所有受光区域

步骤五：给植物加深一个层次，使其更有立体感。背景建筑呈淡蓝色，黑色笔触单一过渡即可。最后，在地面加上一些铺装和有质感的线型

候车亭上色表现步骤图。

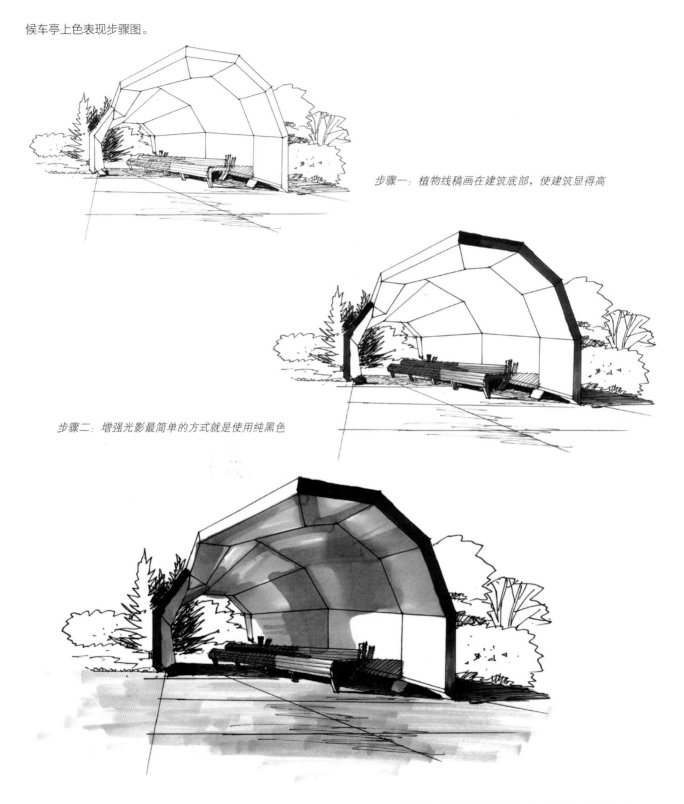

步骤一：植物线稿画在建筑底部，使建筑显得高

步骤二：增强光影最简单的方式就是使用纯黑色

步骤三：要注意投影变化及方向。地面过渡由近及远

步骤四：植物上加一些暖色作为呼应，暗部加入淡蓝色。建筑内部由于受地面反光，需加一些地面颜色

步骤五：如果植物颜色太艳了，可以使用灰色马克笔盖一下。天空可以用深蓝色彩铅表现，从右向左过渡，垂直中心保持在画面3/4的位置

藤蔓花架上色表现步骤图。

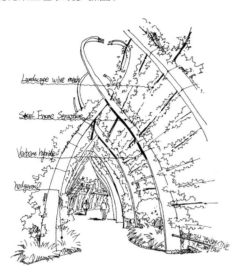

步骤一：按透视定位好大致形体，再用
铅笔穿插画上植物

步骤二：先找两支淡色马克笔，一支淡
紫色，一支淡红色，做一些交叉变化

步骤三：再画绿色，亮色处于受
光面，在暗部适当加一些偏冷的
蓝色

步骤四：在构筑物的背光面添加一些灰色，地面由远及近
做出变化

步骤五：在天空上加上一些蓝色，注意
适当留白以形成透气感。注意所画高度
不应超过构筑物

庭院景观上色表现步骤图。

步骤一：先用铅笔线稿起大框架，形成一点透视空间

步骤二：用黄绿色马克笔先画受光的植物，注意边缘的虚实结合

步骤三：第三层植物颜色选择深一点儿的绿色，比如韩国touch47号和斯塔671号和650号，再逐渐变化，甚至用一些紫色、灰色

步骤四：选择不同灰度的蓝色、
绿灰色，画一些暗部。如果点
缀的花不要求太艳的话，可以
使用黄色或者紫红色

步骤五：用彩铅画天空与水面，画的时候以云为形，留
出云的位置，深一点儿的地方添加蓝紫色

# 3 装饰元素表现

环境空间离不开植物的塑造，植物的存在使空间变得生机勃勃，也会吸引更多的人驻足其中。在快速发展的现代都市里，高楼、道路成为城市的主宰，植物也被赋予更多的设计意义。在城市的广场、小区、公园、商业空间中出现了越来越多独具匠心的植物景观设计。植物通常被种植在树池、花池、花体、花箱等固定地点或可移动的容器中。树池、花池除了能界定种植的区域外也承载着保护植物的功能。它们不但能作为单独的造景出现，也越来越多地与座椅、雕塑、水体、铺装等相互结合形成特色景观。设计巧妙的树池、花池起着塑造景园特色，彰显环境氛围的重要作用。早期的树池和花池有着相对固定的结构模式和形式。随着人们对环境空间需求的不断改变，树池、花池在园林景观设计中也演变出不同的形式，形成丰富的类型。

## 3.1　种植器皿

花钵、饰瓶装饰一般情况下会选择可移动性的，可根据需要随时调整，从而提高可利用性和对后期设计布局的更新。

在当下的城市环境景观设计中，种植器皿的使用变得非常普遍，其造型多变，大多具备可移动性和可组合性的特征，同时具有摆设灵活方便、装饰性强、视觉效果显著等特点。常见的种植器皿包括花钵、花箱、花盆等。在城市街道、广场、公园、居住区依据环境需要摆放花钵、花箱等种植器皿可以增添浓厚的艺术气息，提高环境亲和力，是景观设计中常用的一种设计手法。

（1）花钵，一般为口大底端小的倒圆台或倒棱台形状，材质以砂岩、泥、瓷、塑料及木材为主。

（2）花箱，箱式种植器皿，多为矩形、方形设计。多以钢筋混凝土为主要原料，添加其他轻骨材料凝合而成。常见其他材质还有木材、塑料、金属等，造型方正，具有现代感，易融入各种类型的城市景观。

（3）花盆，即日常生活中家庭室内盆栽所用的种植器皿，也是景观设计中传统的种植器皿，尺寸较小。花盆具有可移动性和可组合性特征，在节日庆典花坛中发挥着巨大的作用，能巧妙地点缀环境，烘托气氛。

由于种植器皿的形式多样，大小差异较大，在选择时，首先需考虑器皿样式和色彩等与空间环境的融合度，再者需要考虑种植器皿的尺寸、形式、材质应符合所栽种植物的生长特性需求，有利于根茎的发育，这样才能保证植物的良好生长，达到理想的美化环境目的。依据所栽植的植物种类，一般花草类宜选择器皿深不低于20cm，灌木类宜选择器皿深不低于40cm，中木类宜选择器皿深不低于45cm。当然，我们还要考虑种植器皿的材质，这对于器皿本身的造型及植物的生长也有着不小的影响。下面介绍一些常用的材质。

• 砂岩。用细砂岩雕刻制成的种植器皿，古朴风雅、色彩丰富、贴近自然，表面可以做效果，是花钵里面常用的一种材质。

• 木材。天然原料，色彩自然，透水、透气性好，也是较常用的种植器皿材质。

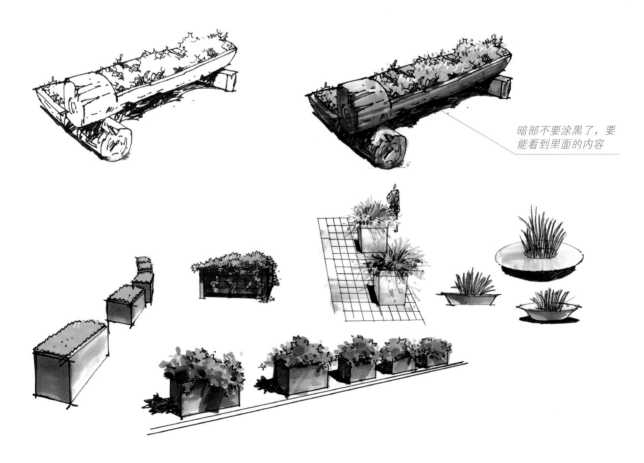

*暗部不要涂黑了，要能看到里面的内容*

- 混凝土。原料丰富，在一定条件下经加工养护而成的人造石材。混凝土制种植器皿价格低廉，抗压强度高，耐久性好。
- 塑料。塑料种植器皿工艺简单，色彩丰富，体量轻巧，美观，移动性强。
- 黏土。用黏土烧制而成的种植器皿排水透气性能好，价格低廉，是家庭养花最常用的花盆材质，通常称瓦盆、泥盆、素烧盆。
- 陶。陶制种植器皿古朴大方，颜色自然，制作精巧，但其透水、透气性能不及瓦盆。也可以在陶盆上涂以各色彩釉，外形美观，形式多样。
- 瓷。瓷制种植器皿工艺精致、洁净素雅、造型美观，但排水透气性不良，因此多用作瓦盆的套盆。

注意加投影增强立体感

线稿复杂之处，上色可以单一一点儿

上色时使用大实大虚手法，实的地方使用马克笔，虚的地方留白，中间加点彩铅过渡

注意加上投影，使效果更立体

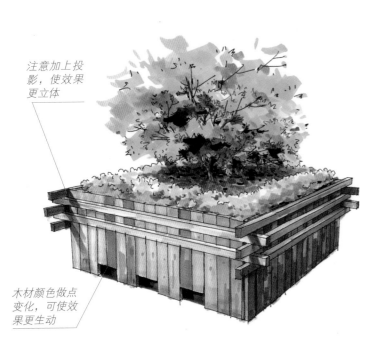

木材颜色做点变化，可使效果更生动

远处的植物简略概括

适当加些具象的植物更生动

注意预留好植物的层次关系

远处以色块交代即可

注意同一个色彩之间的黑白灰变化

孔雀造型花卉装置上色表现步骤图。

步骤一：用铅笔定位好孔雀造型，墨线
尽量简略，方便之后上马克笔

步骤二：选择淡红色马克笔，先画外围一
层花卉。孔雀的脖子部分使用淡灰色

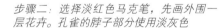

步骤三：再使用大红色
马克笔，画第二层花
卉，注意不要画得太满

步骤四：用黄绿色马克笔来平铺空隙和地面，地面要使用排线过渡，并用深绿色画孔雀背光部，同时加些黄色于第一层淡红色之间

步骤五：使用蓝色和紫色马克笔画里层花，并画孔雀的背光部，地面投影平铺一个重色。适当加些深绿色到整组花卉做一些暗部处理

树池、花池提供了城市道路及广场中树木、花卉生长所需的最基本空间。有限的树根空间也对树池、花池的设计提出了较高的技术要求。

城市空间里不透气、不透水的硬质铺装会阻碍土壤与空气的交流，阻碍水分的下渗，这对植物的生长非常不利，进而会导致植物根系缺水而枯萎死亡。因此，树池、花池的设计除了考虑形式功能及与周围环境的协调外，还应该在技术方面保证植物的良好生长。树池有效地保护了树木根部免受践踏，有时我们也会给树池加上树池箅，它是树木根部的保护装置，既保证雨水的渗透，又保证行人的安全。设计树池、花池的形式及护树面层在选择其材料的形状、质地、纹路、色彩等方面也要与周围环境相辅相成，共同构成和谐统一的环境氛围。现在大多数的景观设计中，树池、花池有时也没有非常明显的区分，两者通常是紧密结合在一起的。

*硫酸纸上色有别于普通的复印纸上色，在硫酸纸正面画好线稿后，可以在反面上色。颜色过渡也可以使用浅色过渡亮色*

花艺装置上色表现步骤图。

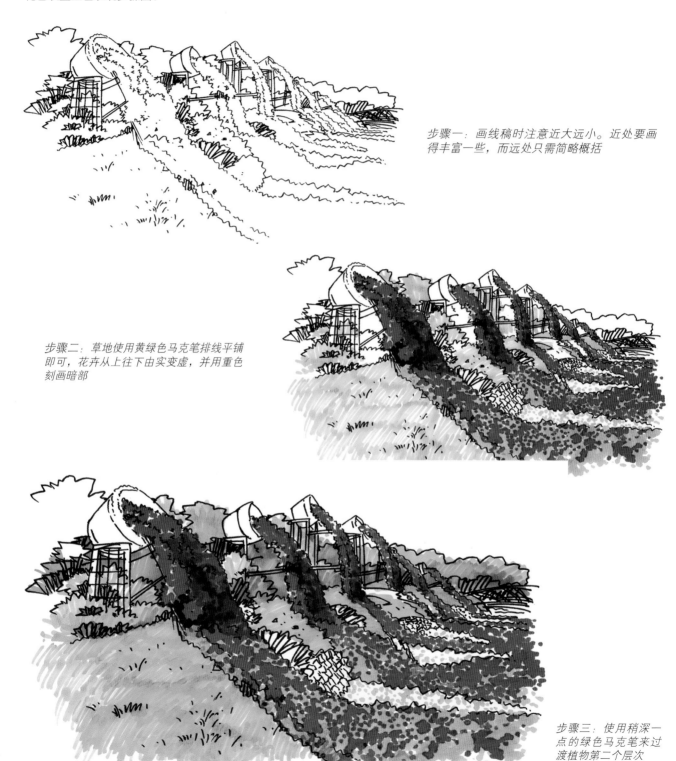

步骤一：画线稿时注意近大远小。近处要画得丰富一些，而远处只需简略概括

步骤二：草地使用黄绿色马克笔排线平铺即可，花卉从上往下由实变虚，并用重色刻画暗部

步骤三：使用稍深一点的绿色马克笔来过渡植物第二个层次

步骤四：用深色马克笔过渡第三个层次，并刻画地上的投影

步骤五：天空部分从右向左过渡变化，笔触不宜过花，要平稳

## 3.2 石制元素

中国是历史文化悠久的国家，许多传统石制元素加
以利用，都会成为文化深远的作品。要成为一名优
秀的设计师，可以多了解先辈们留下来的这些财
富，充分合理地使用到我们的设计中。

在现代景观和传统园林中，传统石制元素是很好的
素材。

手绘表现时不必过于逼真，只表达大致的概念，即
简略形象即可，当然需要去掉更多的环境元素。

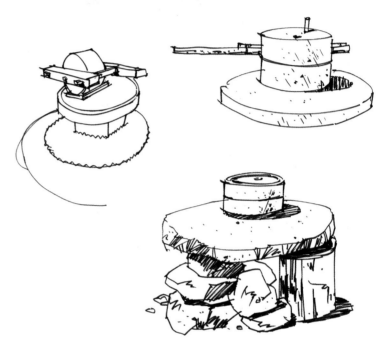

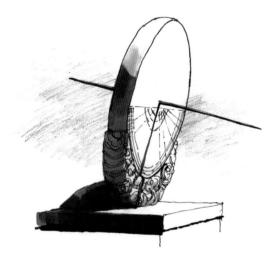

墨线勾出雕纹，效果突出

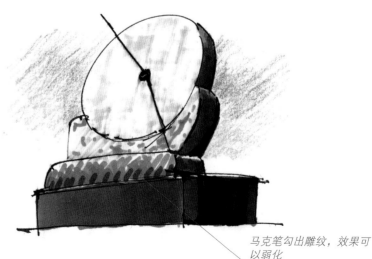

马克笔勾出雕纹，效果可
以弱化

画曲面难度大，要保证透视尽量准确。定好点，放慢线条画圆、弧及曲线

石灯在过去作为灯具，现在则基本上用来装饰庭院，是极有历史沉淀感的艺术品。石灯款式非常多，大部分以塔式呈现

## 3.3　景园雕塑

不管是什么类型的雕塑，其一定是某个民族
特有的记号，都有特定的意义。我们要随时观
察，使用手绘的方式记录。

雕塑本身是一种造型艺术，用于美化区域或出
于纪念意义而雕刻塑造。雕塑是具有一定寓
意、象征或象形的观赏物和纪念物。

雕塑的价值在于它的视觉愉悦性、内容深刻
性，以及随之而来的体验的丰富性与持续性。

雕塑和一切其他艺术一样，其真正价值来自其
文化意义，因此，没有对事物的质的理解，就
不可能设计出具有文化推动意义的作品。所
以，一个老物件，因为其背后蕴含的意义，都
有可能成为雕塑艺术。

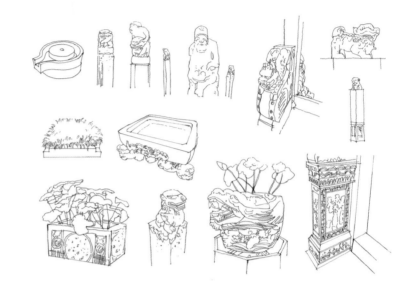

### 3.3.1  传统雕塑

### 3.3.2 现代雕塑

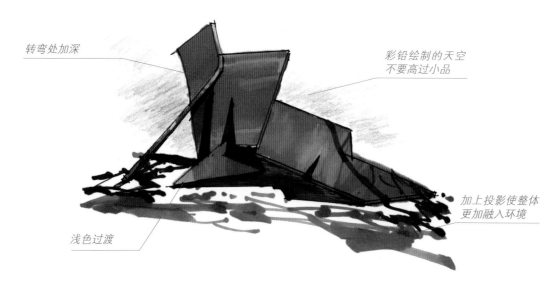

转弯处加深

彩铅绘制的天空
不要高过小品

加上投影使整体
更加融入环境

浅色过渡

边上的植物画松散
一点儿，显得灵气
很多

用纯黑色加强
明暗交接位置

暗面扫点蓝色，暗
部便不会太死板

在水中绘制长条投影，
注意中间段要深

植物轮廓不要画得太
封闭，应适当断开

表现白色时，用很淡
的CG（冷灰色）即可

暗部使用紫色可以体
现铜材质

铜人雕塑

大红与大绿相接的地方，使用暗绿和黑色

加一些淡绿色，呈现仿铜绿的感觉

粗糙面的深灰色火山岩

### 3.3.3 自然雕塑

所谓自然雕塑，主要是指削弱了
人为因素，直接或极大地利用
其自然原始的形态。这样的自然
雕塑更贴近自然，如枯山水、动
物、石头、树根等。

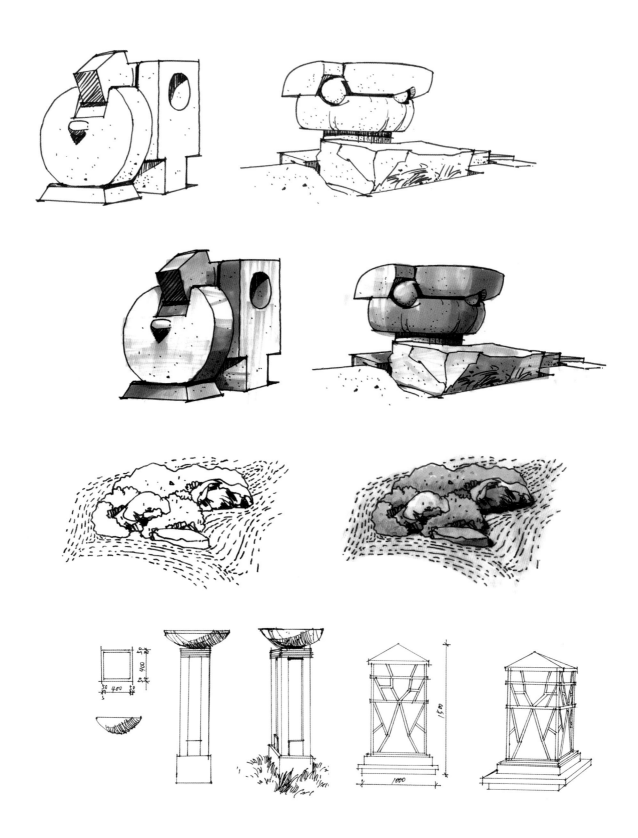

稻草雕塑

水泥雕塑

双鸟雕塑水景上色表现步骤图。

步骤一：徒手勾画出如图线稿，注意双鸟曲线要流畅，水面投影可以简单交代。背景适当添加一些黑色

步骤二：先给背景植物定一个基调，再在空隙中加入蓝色

步骤三：小草本植物偏外面一点儿的色彩偏亮。注意两个建筑与雕塑的光影变化

步骤四：先用淡蓝色平铺水面，再用深一点儿的蓝色加深层次，最后适当加入淡绿色绘制水面倒影，水面画得太深的地方可以加上一些高光

童话小景上色表现步骤图。

步骤一：勾勒出小景主体形象造型，植物的刻画可以简略概况，标出一些暗部和外形位置即可

步骤二：给主体形象上色，选一些暖色调来表现，注意色彩要追随结构

步骤三：植物表达时，线稿可以和色稿同时进行，找3支绿色马克笔过渡，投影用较重的绿色，再找一支蓝紫色马克笔画一些花，注意花与草的结构穿插

步骤四：画后面的背景时先画一些粉红色花，注意深浅变化，再添加一些受光不一的绿色大叶植物，简略即可，不需太多细节

步骤五：梳理整体画面，在地面上画一些灰色投影，后面的大树干使用一些画面中已有的颜色来表达

## 3.4 墙体

景观设计中常用到的园林墙体有两种类型：一是作为分隔园林周边、生活区的分隔围墙；二是用于划分空间、组织景色、安排导向而布置的景观墙。墙体可以起到分隔与美化空间、展示文化内容等美学作用，其常见的形式包括影壁墙、浮雕墙、救场墙等。墙体的表现手法要根据材质的特征，墙体大部分都是由石材砌筑，外表一般用石材贴面。文化石、大理石、陶瓷都很常见，因此画墙体面的时候可以参考石材的画法，包括使用色彩做一些肌理效果。

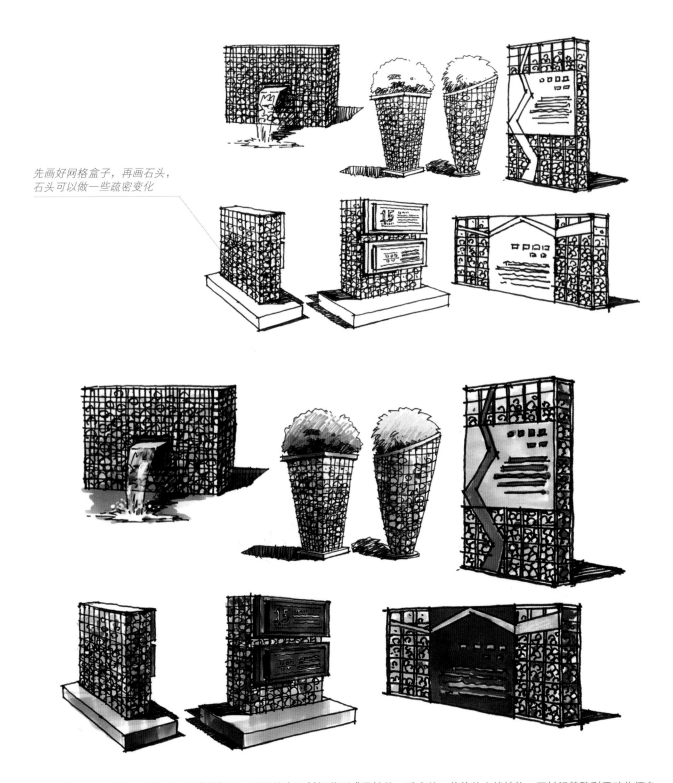

先画好网格盒子，再画石头，
石头可以做一些疏密变化

宾格石笼也叫宾格网，网丝采用高镀锌钢丝，现场填充石料组装形成柔性的、透水的、整体的支挡结构。石材间缝隙利于动物栖息、植物生长。由于宾格石笼独特的美观性，在许多景观中会作为形象墙及装饰小品来使用

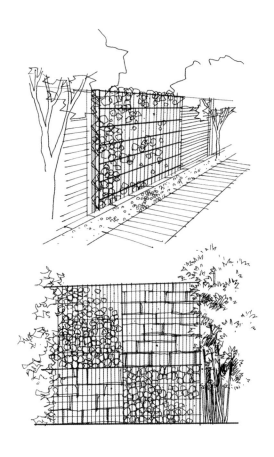

墙面的纹理适当做一些虚化

深处暗部直接加黑色，会显得简洁、有深度，对比性较强

因砌法具有丰富的可塑性，红砖景观墙深受人们喜欢。手绘砖面可以画得很实在，上色可以根据受光情况，颜色适当做一些变化

大面积的砖墙线稿和上色手法是从一边过渡到另一边，本例中底下刻画细致，越往上，越虚化

现代景墙上色表现步骤图。

*步骤一：画线稿时注意透视关系和大小比例*

*步骤二：用淡灰色画两侧石材和墙体背光部分*

*步骤三：用25号和WG的颜色画大
的暖色石材，用一支木色马克笔简
单交代一个远处的桥*

步骤四：先用亮色画植物的受光部
分，再用中间色画背光部分，最暗
的地方使用深色和蓝色

步骤五：使用蓝色彩铅画天空，注意不宜高于画面中植物。暗部再加一些蓝色，最后加工一下细节

绿色植物景墙上色表现步骤图。

步骤一：线稿透视简单，两点透视，注意概括植物的表现手法，以及一些暗部的排线

步骤二：先上亮色，受光影响较强的先上黄绿色

步骤三：再上中间调的绿色，用细笔排线，中间调马克笔可以多选择几支，用以增加层次

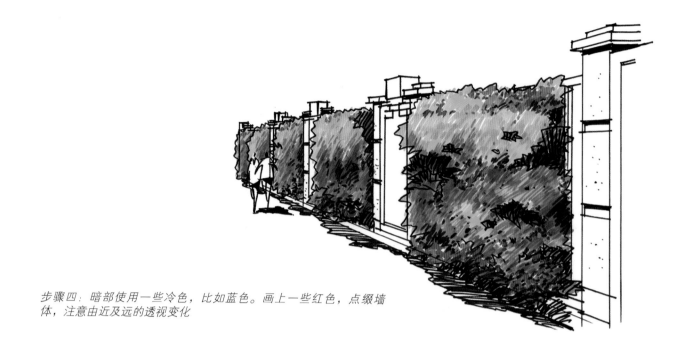

步骤四：暗部使用一些冷色，比如蓝色。画上一些红色，点缀墙
体，注意由近及远的透视变化

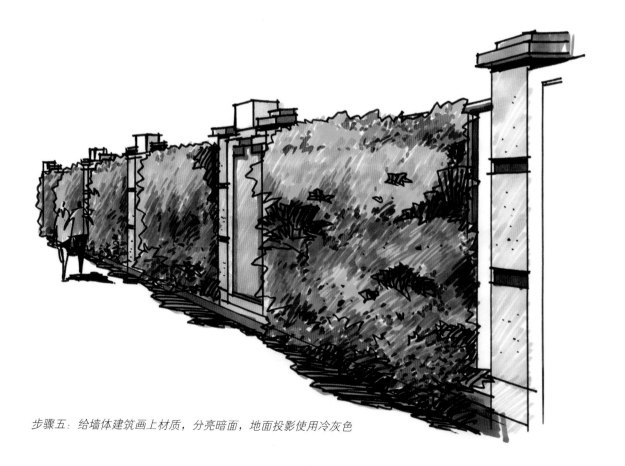

步骤五：给墙体建筑画上材质，分亮暗面，地面投影使用冷灰色

## 3.5 水景

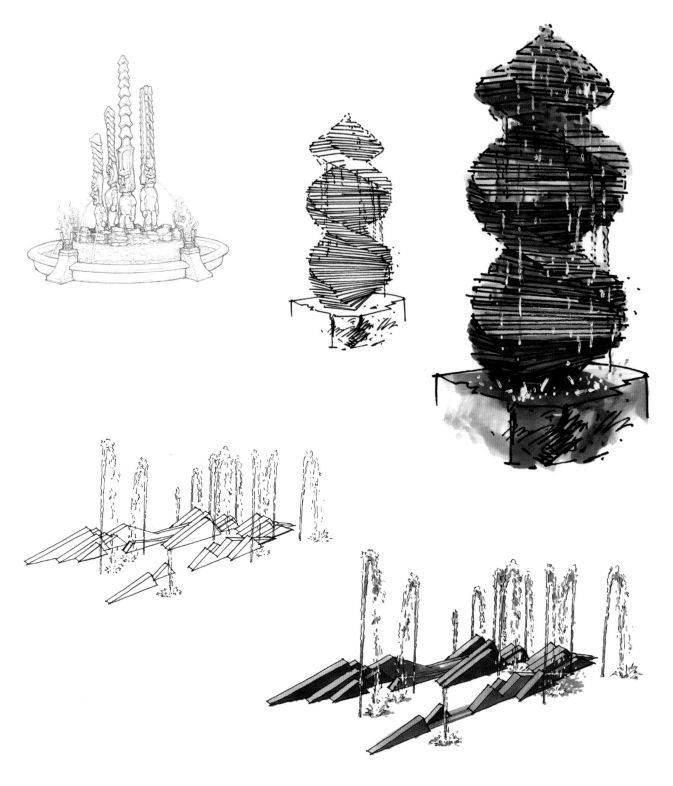

人物雕塑水景上色表现步骤图。

步骤一：水景线稿不要画得太呆板，特别是与水接触的线条，要断开、留白

步骤二：先给雕塑上色，深色雕塑的受光处用灰色，配合蓝色进行叠加

步骤三：用几支木色马克笔来画石块，暗部可以加入紫色

步骤四：水面用断断续续的马克笔笔触来画，有投影的地方可加深些

步骤五：画植物时使用两个绿色色调，远处再加点儿蓝色。本案例的难度主要是画流水和水花，使用涂改液画点和线，并结合抹、扫等多种手法

动物雕塑水景上色表现步骤图。

步骤一：画线稿时注意中景层中一些物体的投影
要表达出来。本例是用硫酸纸表现的线稿

步骤二：画水的时候，注意受光面与
亮面，表现出由近及远的水面颜色的
变化

步骤三：地面颜色平涂即可，在硫
酸纸上着色时先画一点儿重色，再
用浅色晕染开

步骤四：受光的植物使用黄绿色
表现，然后选择一个中间色过渡
一下。后面的植物及暗部的植物
使用深色表现

步骤五：远处的建筑和楼梯平涂一个淡的颜色，楼梯上画上树的投影。远处的植物适当加点儿小花点缀即可丰富画面

石头雕塑水景上色表现步骤图。

步骤一：先画几块石材的轮廓，再画周边植物的轮廓，
之后加上材质、细节，然后在投影中加入明暗关系

步骤二：用马克笔给背景植物加上一个亮绿色

步骤三：给植物加上一层中间色过
渡，中间色可以多一点儿

步骤四：将一些冷色加入植物暗部，再添加
一些淡红色，使效果丰富一点儿

步骤五：重点画石头，本例选
了重色马克笔画石头的固有
色，背光面更重，亮面可以加
入一些光影。石头固有色越
深，用涂改液表达水时就要表
现得越亮

# *4* 照明元素表现

景观照明是指既有照明功能，又兼有艺术装饰和美化环境功能的户外照明工程。通过对人们在城市景观各空间中的行为、心理状态的分析，结合景观特性和周边环境，把景观特有的形态和空间内涵用灯光的形式在夜晚表现出来，重塑景观的白日风范，以及在夜间独特的视觉效果。

市面上照明灯具使用非常广泛，类型也繁多，园灯的基座、灯柱、灯头、灯具都有很强的装饰作用，需要整体规划性思考，同时兼顾关键节点，如小景、建筑等个体的重点照明，因此照明手法多样，灯具的选择也复杂。景观照明可分为道路景观照明、园林广场景观照明、建筑景观照明等。

## 4.1　道路景观照明

道路景观照明是最常见的景观设施之一，目的是确保交通安全，提高交通运输效率，方便人们生活，降低犯罪率，以及美化城市环境。

道路景观照明主要分布在车道、步道、街区道路、阶梯、桥梁、立交桥、人行桥等位置。

### 4.1.1　光源的选择

快速路、主干路、次干路和支路应采用高压钠灯；居住区机动车和行人混合交通道路宜采用高压钠灯或小功率金卤灯；市中心、商业中心等对颜色识别要求较高的机动车交通道路可采用金卤灯；商业区步行街、居住区人行道路、机动车交通道路两侧人行道可采用小功率金卤灯、细管径荧光灯或紧凑型荧光灯。现在LED灯也非常流行。

### 4.1.2　布灯的分类

①侧布置；②双侧交错布置；③双侧对称布置；④中心对称布置；⑤横向悬索布置。

### 4.1.3　灯具的分类

①杆灯；②庭院灯；③草坪灯；④地理灯；⑤壁灯。

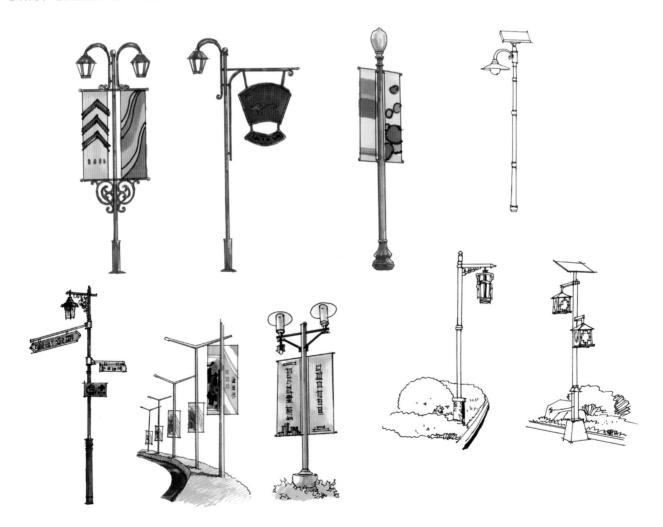

## 4.2  园林广场景观照明

园林广场景观照明在尺度上比道路景观照明大一些，意义在于塑造科学与艺术相结合的现代人工照明环境和照明景观，建立自然、和谐、景色优美的夜间环境照明。

### 4.2.1  照明方式

在功能上满足安全性和饰景性，在视觉感受方面有朦胧、明亮、色彩缤纷等多种效果。

### 4.2.2  用光类型

主要有下射光、上射光、泛光照明、道路照明、装饰照明、杆灯、墙体灯、区域照明灯。

## 4.3　建筑景观照明

建筑景观照明主要是为了创造一种主体形象，凸显建筑局部或整体的个性，彰显建筑在景观中的魅力。因为在景观场景中，建筑也是作为被观赏的景观对象，所以对它的照明也是一种景观美化。

照明方式主要有：①投射光；②自发光；③内透光。

# 5 标识、展示元素表现

标识与展示，顾名思义是具有表达、说明、引导、传递、识别和形象传递等功能的物体。
可通过文字、图像、小型构筑物等给人们的生活提供便利，帮助人们与空间建立更加丰富、深层的关系。

标识具有如下特征：

• 功用性

标识的本质在于它的功用性。虽然具有观赏价值，但标识主要不是为了供人观赏，而是为了实用，具有不可替代的独特功能。

• 识别性

标识最突出的特点是易于识别，显示事物自身特征，标示事物间不同的意义。区别与归属是标识的主要功能。

• 显著性

显著性是标识又一重要特征，除隐形标识外，绝大多数标识的设置就是要引起人们注意。因此，色彩强烈醒目、图形简练清晰。

• 多样性

标识种类繁多、用途广泛，无论从其应用形式、构成形式，还是表现手段上来看，都有着极其丰富的多样性。其应用形式，不仅有平面的、立体的，具象、意象、抽象图形构成的，还有以色彩构成的。多数标识是由几种基本形式组合构成的。

• 艺术性

经过设计的标识都应具有某种程度的艺术性，既符合实用要求，又符合美学原则，可以提倡张扬个性。一般来说，艺术性强的标识更能吸引和感染人，给人以强烈和深刻的印象。

• 准确性

标识无论要说明什么、指示什么，无论是寓意还是象征，其含义必须准确。尤其是公共标识，首先要易懂，符合人们认识心理和认识能力。其次要准确，避免意料之外的多解或误解，尤应注意禁忌。让人在极短时间内一目了然、准确领会无误，这正是标识优于语言、快于语言的长处。

• 持久性

标识与广告或其他宣传品不同，一般都具有长期使用价值，不轻易改动。

## 5.1 导游说明牌

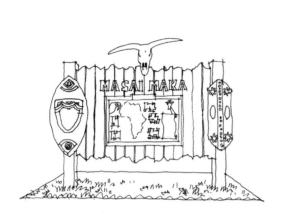

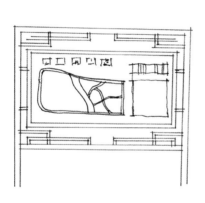
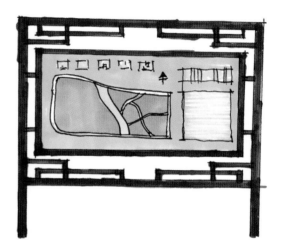

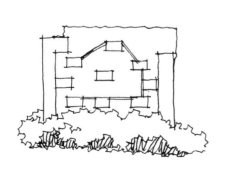

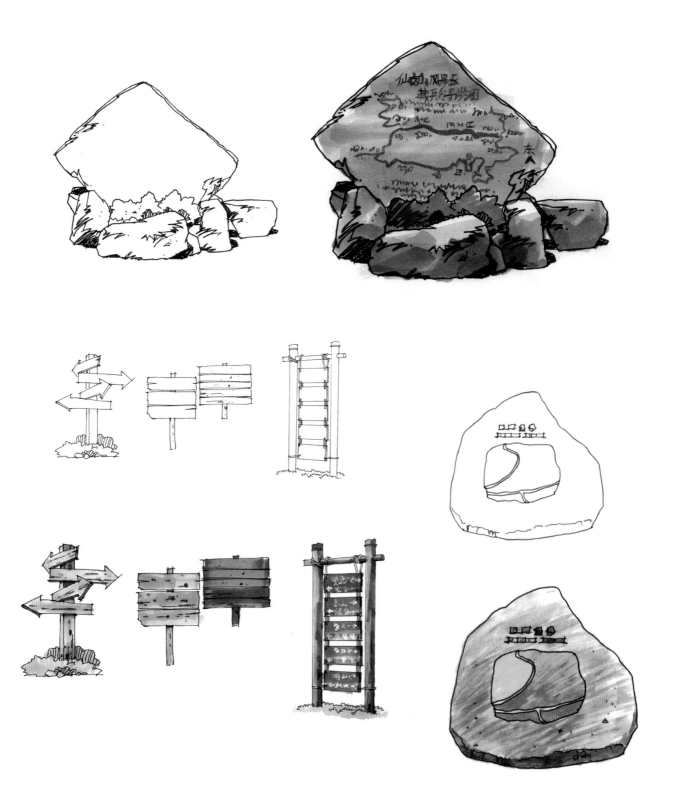

## 5.2 传统指示、告示牌

## 5.3　现代路标引导牌

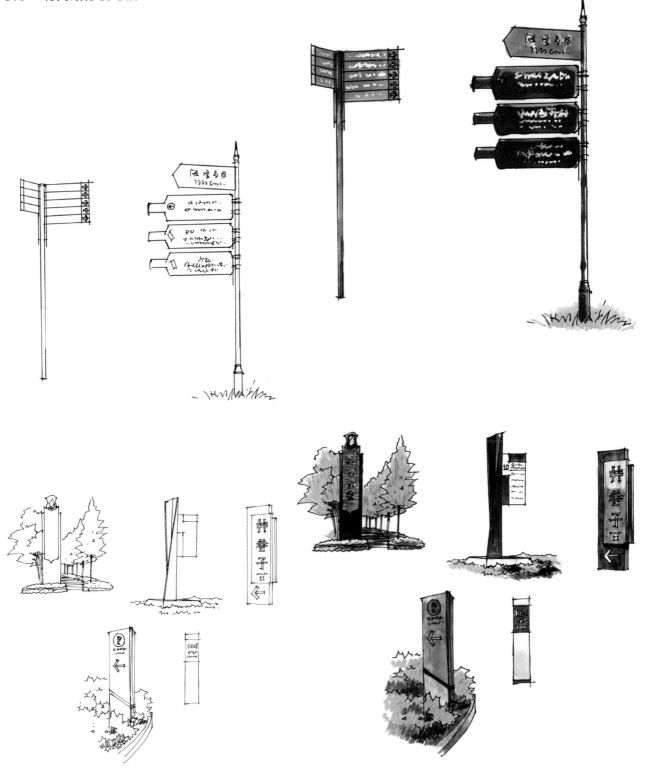

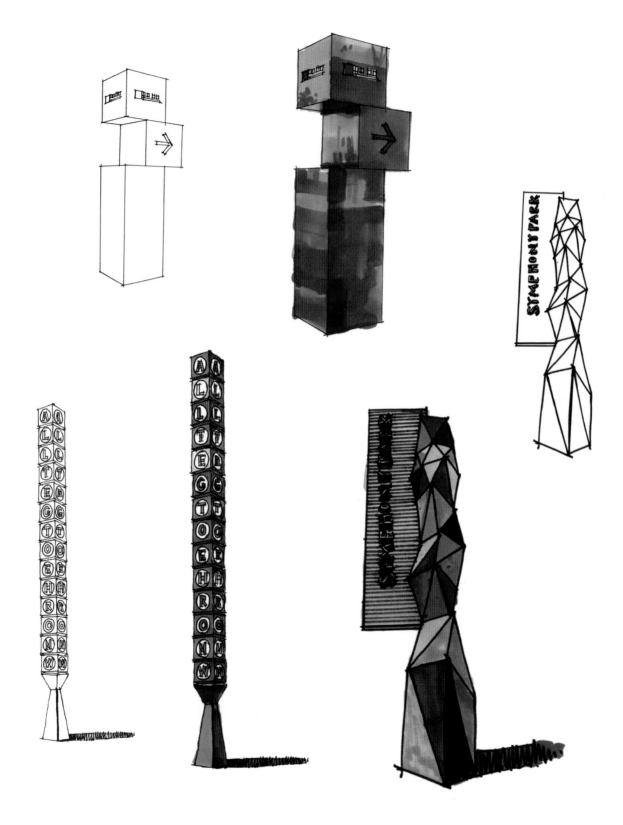

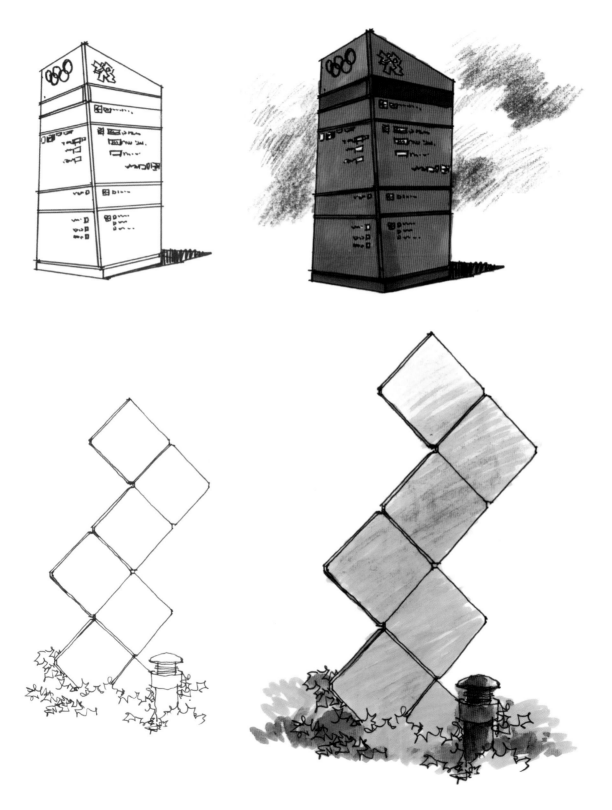

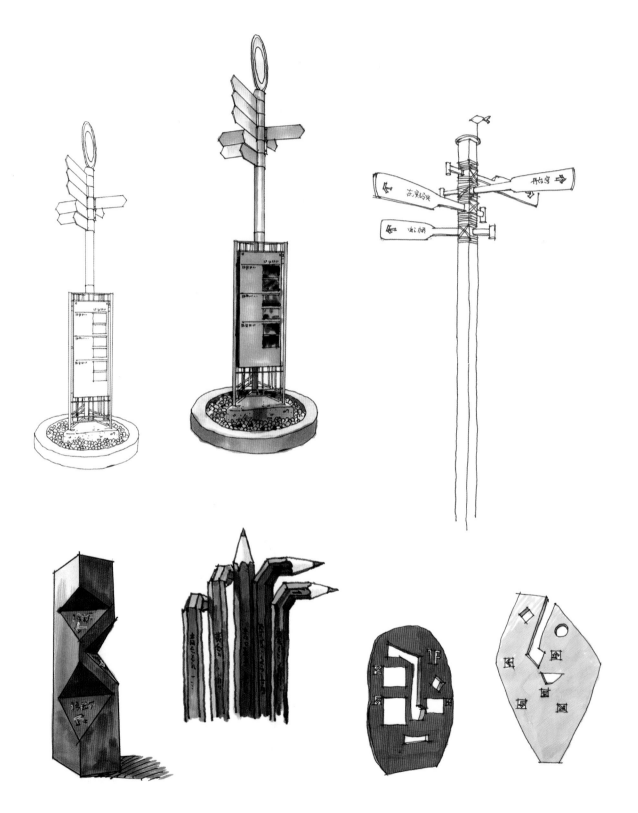

## 5.4 融合环境的指示牌

画线稿时，树只
概括了个树干

暗部放在后面一
棵树的中下部位

墙体受光面要注意
画出投影

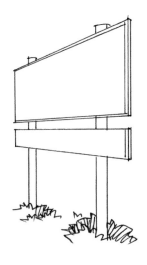

# *6* 服务元素表现

在景观场景的设计表达中还有很多东西需要我们去积累观察，因为不同的功能空间所需要的设施或者装置不同，并且没有统一的标准，但一些常用的大到雕塑装置、电话亭、广告牌、候车亭，小到导视系统、交通标识、垃圾桶等装置都是需要我们熟悉运用的。

在当代景观设计中，这些装置设施越来越具有独立观赏价值，不仅仅满足了使用功能，也成为视觉文化的一部分。它们的位置、体量、材质、色彩、造型都对环境的整体效果产生影响，直接反映环境的实用性、观赏性和审美价值，是环境构成的重要因素。

## 6.1 饮水器、洗手池及其他

饮水器为室外提供饮水，其形式大致可分为悬挂式、独立式、雕塑式等。根据其使用方式和功能可分为独立式与集中式（多组龙头）两种。饮水器的尺寸设计是设计的要点，成人饮水器的高度宜在800mm左右，儿童饮水器宜在550～650mm。人性化的设计还应考虑轮椅使用者，依据他们的需要来设计饮水器的结构和高度。

## 6.2 公用电话亭和游乐设施

## 6.3  时钟、塔

## 6.4 园林的栏杆设施

围栏的上色表现步骤图。

步骤一：先定一个透视方向，用铅笔画出大概，再用墨线画出结构，添加点细节使画面更生动

步骤二：背景植物上色时颜色要相互融合，重色要点到悬空位置，再加一些淡色，如蓝色，画面会更透气

步骤三：马克笔表现出树影下的建筑围栏，需要大量的灰色，使用短笔触，但不要画得太花、太乱

步骤四：以上的颜色相对较重，所以天空选一支淡蓝色马克笔，自下而上，适当留白

## 6.5 垃圾箱、户外音响

### 6.5.1 垃圾箱

垃圾箱是日常生活中最常用的室外家具，也是景园中的一种卫生设施。垃圾箱的形式多种多样，依据可移动性可分为固定型、移动型、依托型等。垃圾箱的外观色彩及标志应符合垃圾分类收集的要求。垃圾箱通常设置于各种道路的两侧，广场、候车亭、售卖亭等行人停留时间较长且易于发现的场所，居住区内的垃圾箱应在单元出入口附近设置。一般垃圾箱的规格为高60~80cm，宽50~60cm。放置在公共广场的垃圾箱规格要求较大，高宜在90cm左右，直径不宜超过75cm。垃圾箱虽然不会在方案中考虑，但作为一个景观空间装饰元素，又不得不关注它的存在。

### 6.5.2　户外音响

在城市的商业空间、居住区、旅游胜地、街道、学校、公园、广场等户外空间中，都会设置小型音响设施，并适时地播放背景音乐或一些特别的广播节目，以增强空间的轻松气氛和舒适感。

通常，户外音响的外形要结合景物元素进行设计，一般放置在相对隐蔽的地方。音响高度在0.4~0.8m之间为宜，保证声音能均匀扩散。户外音响是容易被忽略的家具，因为经常只闻其声不见其形。

## 6.6　园林的桥、踏步装饰

手绘桥的时候要注意两侧的对称性，适当添加环境，使其更有融合度，还可以加一些人物、植物、石头等元素。

在硫酸纸、草图纸上表达，不用铅笔定型，可以直接
画，如果画错了可以蒙上新的纸重画

硫酸纸上色可以简单一点儿，分两
三个层次即可，比如水面使用两种
颜色，笔触用单一的连笔

在复印纸上画复杂的线稿最好用铅笔打稿。线稿
要注意前后的穿插关系和建筑物的结构

复印纸上的绘画手感与其他纸
不同，纸张对马克笔吸水性
强。绘制时可以多种笔法结
合，使用扫笔、排线

# 7 作品欣赏

手绘是一种技能，并非高深的理论，经过之前章节的学习，大家一定掌握了基本技能。我们要尝试用手绘来推敲方案和表达设计构思，迅速捕捉自己的意念和想法。

**城市休闲带上色表现步骤图**

步骤一：如果植物较多，可以画得稀少些，地面投影可以画得多一点儿，同时增强后期的光感

步骤二：上色时从植物开始先画亮色，可以加入淡黄色和黄绿色，画的时候注意笔触

步骤三：找几支不同灰度的暖灰色马克笔来画树干，每棵树的受光都不一样，需要适当加上些树皮的纹理

步骤四：用CG的灰色马克笔画投影，注意层次变化，最暗的地方可以用黑色。两侧商店建筑画一些淡的灰色，适当加一点儿其他的彩色

步骤五：地面上其他有树叶投影的地方加上一些零碎的灰色，人物配的颜色不宜过艳，最终融入画面中

**度假酒店花园上色表现步骤图**

步骤一：画面的横向中心线是最丰富的，可以尽量画细一点。其他地方要有些虚而大的面，比如路面、草坪

*步骤二：先画画面中心的建筑，分析好光影，用重色加强对比*

步骤三：前面地面部分，越靠前，画
得越简单；越靠中心，越细致一些。
同时，暗部和投影加入一些冷色

步骤四：画树时注意斜线扫笔，画棕榈的笔触可概括一些，天空部分使用蓝色马克笔，细的地方平涂，到了外围，可以使用松
散的笔触，也要注意留白，会使画面更透气

**儿童公园上色表现步骤图**

步骤一：本图例重点是画出游乐的氛围，植物要
弱化，表达要简单概括

步骤二：使用单色画铺装，平铺时做点变化

步骤三：可以先画植物亮色，使
用黄色和黄绿色，用淡蓝色作为
背景天空色

步骤四：后面的植物用深色加深层次，有几棵树适当变化一些颜色会生动很多

步骤五：在地面上添加投影，注意颜色要有所区别，不同的固有色其地面的投影颜色也不一样

**大象滨水景观上色表现步骤图**

步骤一：先用铅笔打底稿，画出如左图水景，注意大象的形要尽量准确

步骤二：给墙体上色，近处直接用WG和GG适当叠加，砖墙用97号加WG画暗面，亮面用36号和彩铅过渡

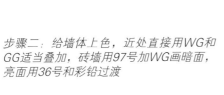

步骤三：根据投影过渡变化选择两个颜色画水面，给大象添加一个浅色调，再加深暗部及投影

步骤四：先用黄绿色画受光部分，再用
稍绿一点儿的马克笔画第二个层次

步骤五：用深色画暗色，远处的缝隙使用一些灰蓝色，蓝色叠加绿色，而近处的花用紫色马克笔和高光笔点亮

**度假酒店泳池上色表现步骤图**

步骤一：先用铅笔勾画好各个区域，再用墨线笔勾线，可以适当添加一些重色块。上色时先选亮色马克笔，把受光区分析一遍

步骤二：选几支深浅不一的绿色马克笔，逐步加深植物。在暗部适当加入蓝色

步骤三：在空间中加一些点缀色，在植物中加入一些红色小花。水池的内侧边加入蓝色瓷砖

步骤四：用蓝灰色马克笔画水面，注意倒影和波纹有深浅之分。背景建筑手涂灰色，亭子较远，所以颜色单一

步骤五：在一些空间暗部加一些深灰色或黑色加强对比，用彩铅画天空，使用蓝色加紫色过渡。在建筑上面也可以加一层淡的紫色过渡

**红叶公园上色表现步骤图**

步骤一：线稿主要集中在横向画面2/3处，其他地方构图可以随意些

步骤二：近暖远冷，由近及远地变化，后面的树下可以加一些冷色

步骤三：表现红色植物时，因为纯红色过艳，所以应尽量选用橙红或黄红，暗部用紫色过渡

步骤四：远处的植物可以添加纯蓝色或深绿色，同时加入灰紫色降低纯度。注意近景树的暗部

步骤五：用蓝色、紫色相叠加画投影和水面，天空注意深浅变化，亮的地方可加入黄色

**小区大型廊架与水池上色表现步骤图**

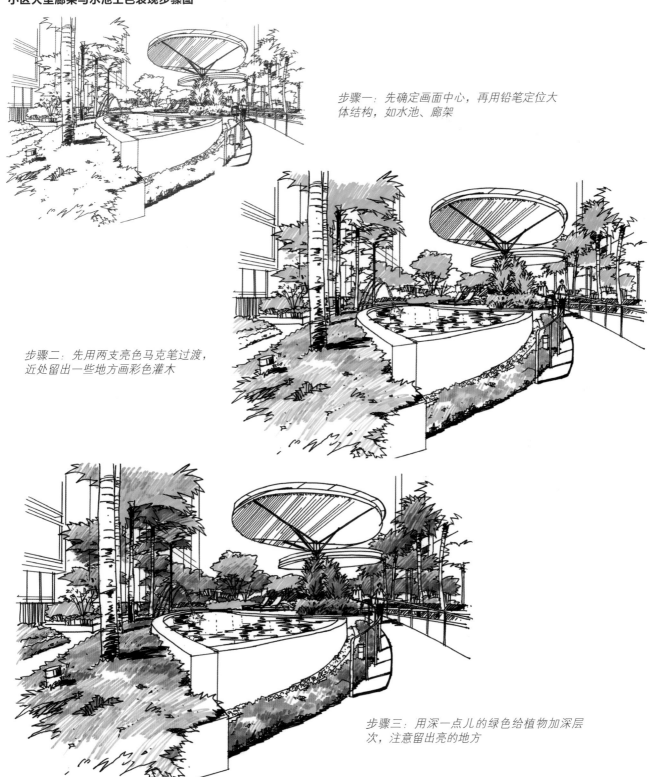

步骤一：先确定画面中心，再用铅笔定位大
体结构，如水池、廊架

步骤二：先用两支亮色马克笔过渡，
近处留出一些地方画彩色灌木

步骤三：用深一点儿的绿色给植物加深层
次，注意留出亮的地方

步骤四：用彩色点缀一些灌木，用蓝色、紫色表现
一些暗部

步骤五：水面用蓝色马克笔绘制，注意留白，天空注意左深右淡过
渡变化，用涂改液提亮一些地方，最后用PS配上人物

**其他作品**

此例为一个两点透视空间效果图，按照近景、中景、远景分布。天空画得比较随意，使用了断曲线表现。玻璃水池表现出3个面的关系，亮面需注意过渡

这组假山跌水景观的表现，重点是把
整个空间环境的色调抓住，本例保持
在一种暖色调中。植物未选冷绿色，
即使是水也选的是偏暖的蓝色

线稿的重点是把雕塑画得更形象一些，植物则显次要，只要保持环境氛围即可。上色时，植物要弱化，尤其是后面的植物要简单点儿。把雕塑的明暗关系画得丰富即可

此例光影处理较丰富，大面积的
暗与受光在整个画面中形成大块
对比。两旁行道树用钢笔勾勒，
马克笔上色比较灵动，使空间活
跃很多

小空间的表现比较容易把握，此例中要注意一下植物的前后层次关系。该空间中建筑体块的光影是用灰色加蓝色进行表现的。要注意水面的过渡

此例中元素大部分集中在
画面横向的2/3处，向着
一点透视的消失点方向延
伸，进深感强

这组水景景观表现了诸多元素，如铁艺雕塑、木栈道等。铁艺雕塑看似简单，其实也是需要花费很多精力表现的，它的透视变化、镂空、背面暗部加淡蓝色、灰色，以及在水面中的投影变化，都展现着美感

此例是快速徒手表现案例，线稿是重新补加的，并把消失点降低了。上色时依据植物的3个层次来统一画面，再加上地面投影显得生动

此例为一点透视空间效果图，线稿相对比较丰富。远景植物用乱线排列，线稿投影画得不多，基本靠马克笔上色来表现投影。画面分布为中间亮、四周偏暗，呈环抱形

近景可以画得丰富一些，远处的建筑上色时尽量简单

线稿精准，上色就会简单很多。上色时应注意取舍，简化上色时需要留白一些区域，比如上图的建筑、近景植物，或者一些路面、人物

表现空间重要的是把空间前后层次关系拉开。建筑的颜色不仅有灰色，还可以尝试不同色彩调和画面

想增强画面的明暗关系，有时需要加重某处，有时需要留白以提亮画面。背景天空可以简单到一个色块，以凸显要表达的重点

游乐设备的周边植物线
稿画得丰富，既凸显了
设施，又与水池形成疏
密对比，增加空间的趣
味性

本书最后加一张电脑手绘作
品，是希望大家尝试不同的
工具表现。任何表现方式只
是一种技巧而已，加以利
用，都可以为设计服务